Marie-Christiane JEAU

INTERMÈDES LITTÉRAIRES

Marie-Christiane JEAU

INTERMÈDES LITTÉRAIRES

Recueil de textes et de poèmes

Éditions Muse

Imprint
Any brand names and product names mentioned in this book are subject to trademark, brand or patent protection and are trademarks or registered trademarks of their respective holders. The use of brand names, product names, common names, trade names, product descriptions etc. even without a particular marking in this work is in no way to be construed to mean that such names may be regarded as unrestricted in respect of trademark and brand protection legislation and could thus be used by anyone.

Cover image: www.ingimage.com

Publisher:
Éditions Muse
is a trademark of
Dodo Books Indian Ocean Ltd. and OmniScriptum S.R.L publishing group

120 High Road, East Finchley, London, N2 9ED, United Kingdom
Str. Armeneasca 28/1, office 1, Chisinau MD-2012, Republic of Moldova, Europe
Printed at: see last page
ISBN: 978-620-4-97650-1

INTERMÈDES LITTERAIRES

RECUEIL DE TEXTES

&

DE POÈMES

Marie-Christiane Jeau

SOMMAIRE

UNE MEMORABLE ODEUR

Je devais avoir dix ans lorsque je m'aperçus que, chaque samedi après-midi, notre maman préparait un pot-au-feu. Tel un rituel, il n'y eut pas un samedi sans ce pot-au-feu.

Je me souviens de l'odeur que dégageait la cuisson de la viande mêlée aux navets, carottes, poireaux, céleri, pommes de terre, et autre potiron lorsque c'était la saison.

Maman s'empressait d'éplucher et de couper un à un chaque légume avec la dextérité que je lui reconnaissais. Elle s'appliquait à préparer avec la plus grande minutie la viande sans oublier l'os à moelle sans lequel ce pot-au-feu ne mériterait son salut.

Discrètement, sans la surprendre, je la regardais manier de ses mains agiles et sûres couteaux, râpe, cuillères, passoire et bien d'autres ustensiles dont j'ignorais alors le nom.

Elle remplissait, avec une attention si particulière, l'immense fait-tout prêt à recevoir tous ces ingrédients. Elle le posait délicatement sur le feu le plus large dont disposait la gazinière de l'époque.

Je l'observais encore, sans qu'elle ne puisse soupçonner ma présence. Elle était là, assise sur une chaise en « formica ». Je l'observais, songeuse, son dos bien droit et ses épaules semblant avoir relevé un défi. Son visage était empreint de sérénité et de tranquillité. Elle savait qu'elle s'était acquittée de sa tâche.

Bientôt l'odeur de ce pot-au-feu allait emplir notre maison jusqu'au moment du dîner familial, le soir venu. Le lendemain, nous partagions le déjeuner dominical, souvent agrémenté d'épices, de saveurs et de senteurs de notre douce île natale, la Martinique.

J'étais alors certaine d'une chose : notre maman entretenait un lien infaillible avec l'art culinaire transcendant la grâce, la passion, les sensibilités et les émotions en une subtile et délicate alchimie.

INSTANTS CONTEMPLATIFS

Laissons-nous aller !

Où le silence suspend le temps !

Où notre conscience s'accomplit dans un élan d'extase !

Où rien ne serait étrange à la douceur, à la volupté, au plaisir et au désir d'aimer, de rêver, de penser, de jouer, de danser, de chanter à l'infini !

Où Art et Nature seraient mariés, riches de singularité ;

Leur bonheur nous offre mille fleurs dans une allégorie folle, si folle, époustouflante de couleurs champêtres ; où mêlés, dansent anémones, azalées, magnolias, muguets, narcisses, roses et dahlias !

Lys et iris dévoilent enfin leurs divins joyaux.

Laissons-nous aller !

Entrons dans le chuchotement de la nature,

Restons là à l'écoute du chuchotement de la vie.

Il est temps alors de divulgâcher le secret du bonheur sans que nous en soyons farcés.

__Ainsi ! Laissons-nous aller !__

À la contemplation !
Serait-ce alors la quintessence de tant de lieux où se dessine une myriade de climats, de reliefs et de paysages bucoliques séduit nos regards médusés ?
N'est-ce pas providentiel d'observer avec délice : baleines et dauphins, volcans et geysers, grottes lumineuses et forêts brumeuses, vertes vallées et montages coiffées de neige, îles idylliques généreuses de végétations délicates et capricieuses.

__Laissons-nous aller !__

Où convergent les eaux bleues et chaudes des Caraïbes et les eaux presque froides de l'Atlantique.
Où la beauté des soleils couchants colore fenêtres et étoffes ;
Miroirs et faïence jouent une telle symphonie silencieuse, mes yeux en sont éblouis,
J'en reste ébaudie.

Saperlipopette ! Cessez donc ces « kaï, kaï, kaï »...
En sursaut, je me dérobe à mes pensées enchanteresses !
Mais qu'est-ce donc que ce tintamarre ?
Subrepticement, encore décalée par mes songes, je m'éveille....

Pince-moi ! Dis-moi, ai-je ouvert les yeux ? Je rêvais, n'est-ce pas ?

C'est incroyable !

Je suis face à ces grandes immensités boisées canadiennes, où Nature riche de ton impressionnante diversité ; le bonheur de te contempler est omniprésent ;

Tu es encore préservée des désordres maléfiques dont Nous déployons tant d'ardeurs

À t'affliger.

L'instant d'un songe, n'hésitons plus ! Laissons-nous aller !

NOS VRAIES RICHESSES

L'abondance de sensations fugitives que j'éprouve lors de mes promenades en pleine nature.

J'observe non sans ravissement mais contrariée par les certitudes d'une réalité. Durant des millénaires, nous nous sommes fourvoyés à l'autel de la modernité, du progrès, de la création de vraies et de fausses richesses éphémères, ce sont celles-ci qui nous condamnent aujourd'hui.

Les richesses de la productivité qui n'ont eu d'autres privilèges que de nous enfermer dans l'envie, le désarroi, la dépendance et l'égocentrisme de nos réalités. Le bonheur serait-il devenu un leurre masqué par les prétendues richesses que la société moderne allait nous apporter ?

Indécence, incandescence, non-sens, omniscience, outrance sont les travers de notre société moderne. Seraient-ils plus puissants que tout autre sentiment ?

Convaincus que nos sociétés riches et dites développées, ont le pouvoir, les pleins pouvoirs, jusqu'à l'ultime pouvoir : détruire impunément, détruire les richesses de vie et nous détruire par excès d'orgueil, excès de conspiration, excès de négligence, excès de corruption, excès de compromission, excès de mensonge, excès d'obligation aveuglée par la gloire de posséder. L'envie et la vanité sont les mains invisibles qui gaspillent la matière et la produisent encore pour le profit de quelques-uns, nous faisant perdre une part de notre altérité.

Ma traversée au milieu de cette luxuriante nature éveille en moi le sentiment qu'il fallait peu de chose à ma rêverie pour cesser là ma méprise, pour enfin regarder, observer, ressentir la face cachée mais non moins riche de nos valeurs d'amitié, d'amour, de solidarité, d'entraide, de fraternité, d'humanité.

Je ne peux oublier ; la vraie richesse de notre cœur nous confère le pouvoir d'aimer, de créer beauté, joie et bonheur.

Alors, je me laisse aller à admirer la beauté simple des palétuviers rouges, les fleurs lumineuses des flamboyants en bordure des chemins, l'amarante et les balisiers, nature intemporelle de nos îles sœurs Karukera et Madinina qui enchante nos yeux et apaise nos instants fébriles.

Au petit matin, Sophia monta dans le tramway, son sac au dos. Ce matin-là, elle avait une drôle de sensation. Elle se demandait si la tension étrange qu'elle ressentait était liée à l'idée de rencontrer enfin Mathis qu'elle n'avait jamais vu ou au fait d'être surprise qu'il enfreigne leur deal en lui fixant ce rendez-vous. Effectivement, entre Sophia et Mathis les contacts se faisaient exclusivement par sms interposés.

Quinze minutes plus tard, elle descendit à la station « Place De Pierre » comme convenu. Elle n'avait plus que quelques pas à faire pour atteindre sa destination.
La pluie avait cessé mais le ciel était encore menaçant, la terrasse étant trempée était fermée.

Sophia décida d'entrer à l'intérieur du café de l'hôtel « Le Gutenberg » qui avait des airs d'une brasserie bavaroise comme elle en avait tant fréquentée à Munich. Une vingtaine de tables étaient réparties dans la rotonde. La salle se prolongeait vers le bar. Sophia repéra deux alcôves, avec des banquettes en cuir rouge adossées à un mur couleur beige, ce qui lui offrait un endroit discret. Mathis n'était pas encore arrivé, Sophia elle, était arrivée en avance.

Le café était encore peu fréquenté, trois clients prenaient leur petit déjeuner. Elle commanda un thé et des viennoiseries, posa son smartphone à côté de sa tasse de thé, un sms de Mathis pourrait arriver.

Cela faisait un peu plus de trente minutes que Sophia était dans ce café.

Mathis entra par la porte d'entrée du hall de l'hôtel, Sophia ne le vit pas, mais elle soupçonnait que quelque chose était en train de se passer, alors elle se leva précipitamment, pris son sac au dos et se dirigea vers la sortie. Mathis était à ses trousses accompagné de trois hommes, ils étaient probablement de la Police pensa-t-elle, elle en était certaine.

Sophia traversa le boulevard à toute allure, en joggeuse aguerrie, elle enchaînait de longues foulées pour traverser les jardins du Théâtre National. Elle courait à perdre haleine, elle était à bout de souffle. Elle fuyait, il le fallait, quatre hommes étaient à ses trousses, elle redoutait qu'une main la saisisse au col, qu'un coup de pied la fasse chuter, pire qu'une balle l'arrête dans sa course, oseraient-ils faire feu en pleine ville ?

Sophia sentait qu'elle était prise au piège. Elle traversa la rue adjacente, elle usa de ses dernières forces pour arriver à la station de tramway et monta à bord de la rame qui s'apprêtait à partir. Sophia avait les jambes et le souffle coupés. Elle s'écroula sur la banquette, essayant de retrouver ses forces. Alors que le tramway venait de quitter la station, Mathis et ses trois acolytes surgirent. Ils étaient là face à Sophia, à cet instant, elle su que le piège venait de se refermer sur elle, qui était Mathis sans que celui-ci ne se manifesta, que c'était pour elle la fin brutale d'une cavale onze mois après son évasion de la prison d'Oberland en Allemagne.

QUI SERIONS-NOUS SANS TOI !

Impétueux ! Quand tes ardeurs tourmentent

Nymphes et roseaux,

Les glycines se courbent,

Et les fleurs d'amandiers s'éveillent au sol.

Tempétueux ! Quand ton allure devient impériale,

Les anges voltigeurs décollent à tire-d'aile

Et disparaissent haut dans le ciel à l'envers du soleil.

Ô, dans l'espoir de te revoir !

Prétentieux, quand alizé tu deviens !

Au crépuscule, tu séduis ombres et lumières,

Charroies ta fragrance

Aux senteurs de gaïac et de cannelle

Au bord de la mangrove,

Où orphies, gorettes et gambusies bullent sans relâche.

Présomptueux, quand brise légère tu deviens !

Tu agites avec tant d'allégresse

Ton vaporeux souffle

Qu'il soulève mousselines et étoles,

Emportant avec elles les ailes du temps.

Orgueilleux, quand foehn tu deviens !

Alors je songe au désir de te sentir

Me caresser le visage de ta flatteuse douceur,

Sécher mes larmes en un éclat de bonheur

Jusqu'à en libérer mes sens.

Majestueux, quand éolien tu deviens !

Ton divin pouvoir déploie un flux d'air si puissant

Que les cordes vibrent,

Leurs frémissements nous dévoilent une harmonie musicale

D'une grâce infinie.

Audacieux, quand tu le deviens !

Compressées, mélangées, tassées

Tes molécules animées en pleine étreinte

Emplissent l'antre d'une chambre à air.

Ô, le sais-tu !

Ton omniprésence éternelle

N'est nullement impromptue, si consubstantielle

À toute vie,

Quand tu l'insuffles à cœur battant.

Sans toi, nous ne serions que Néant !

« Ne me dites pas que la lune brille, montrez-moi le reflet de la lumière sur du verre brisé. »

Tchekhov

DE LA TERRE ET DU SANG

- Que dis-tu ? Ai-je bien entendu ! Pourquoi dis-tu cela ?

*- Tu n'as vu que **de la terre et du sang**. Alors raconte ! Raconte-moi.*

Le Père Augustin, on l'appelle tous ainsi, sur son banc en bois de chêne, un coussin sur le dessus pour adoucir son assise, comme chaque jour, devant sa porte, assiste au ballet quotidien des villageois qui vont et viennent dans la rue. Il observe avec acuité et sans doute avec un peu de vanité les bonnes âmes du village situé au bord de la Meuse vaquer à leurs occupations quotidiennes. Ses journées sont rythmées par ces heures passées en pleine observation.

Le Père Augustin a vécu la Grande Guerre de 14-18, celle des tranchées, il était un tout jeune soldat, il avait 17 ans à peine. Il a vécu l'enfer de la Grande Guerre. Il a vécu l'enfer de Verdun. La fameuse bataille de 1916. Il en est revenu, même pas blessé comme il dit ! Mais il dit aussi qu'il a vécu la terreur et l'horreur des tranchées, le froid, la faim, la peur, la peur de mourir. Il n'en parle jamais, sauf aujourd'hui, j'ignore pourquoi.

– Mon petit me dit-il, ce que je vais te raconter est terrible, terrifiant et merveilleux à la fois. J'ai vu la terre de près. Parfois elle était sombre. Parfois elle était lourde, il lui arrivait aussi d'être légère comme le sable. Parfois si lourde qu'elle collait à nos godillots lorsqu'elle était argileuse et remplie d'eau de pluie. Je la vois encore, rouge ! Rouge comme le sang. Le sang de tous ces soldats tués. Ce sang a tant coulé et s'est déversé sur cette terre. Elle m'impressionnait tu sais. Sa couleur me subjuguait et m'obsédait car elle seule est le témoin des horreurs de ces combats meurtriers.

Le père Augustin, le dos vouté mais le regard vaillant poursuit son récit, je suis à l'écoute et perçoit à peine ce brin de tristesse dans ses yeux gris.

– Je te le dis petit, le temps n'est plus, je suis vieux, je suis très vieux et ne sais quand viendra le moment de vous dire Adieu ! Désormais, assis devant ma porte, je me délecte des choses simples de la vie. Les rayons du soleil sur mes joues. Ce vent léger qui apaise la chaleur. La quiétude de notre cité.

Je le fixe, je lis dans son regard la profondeur de son récit. Je sens bien que la tristesse l'envahi mêlée à un soupir d'espoir, mon attention est à son apogée, je l'écoute, j'entends de sa voix douce et pondérée :

– Ecoute petit, je te dis simplement ceci « poursuit ton chemin dans les méandres de la vie, tu verras, crois-moi qu'un jour, **tout sera calme et lumineux** ».

L'AVEU !

Ce soir plus qu'un autre, je ne saurais dire pourquoi, ce souvenir m'oppresse et je dois me délivrer de cet abcès qui m'empoisonne, ces lignes en seront le réceptacle.

Ce soir, je choisis de me défaire du serment de silence que j'ai dû faire.

Ce soir, la nuit est profonde, noire et le vent tape aux carreaux. Une nuit de fin novembre froide, triste et lugubre.
Le sommeil ne viendra pas, je le sais.

Il est temps de livrer à ces lignes les raisons de l'angoisse qui m'étreint chaque soir dès le soleil couché, au moment où chien et loup se confondent, une terreur me saisit, elle raccourcit mon souffle et brûle ma poitrine.

Comment leur avouer que depuis tant d'années un serment m'étouffe. En dépit du temps qui a passé, seule la lumière qu'elle soit artificielle ou naturelle me permet de trouver un répit et d'éloigner cette vision qui, chaque soir, à cette heure, vient me visiter et hanter mon esprit.

Avec le temps, j'ai compris que ce serment était une promesse d'enfance. Mais j'avais juré, juré de ne jamais dévoiler ce secret. Alors, peut-on encore se poser la question, de quel côté se trouve la transgression ?

En dépit du souhait que j'ai eu et de l'engagement que j'ai pris de respecter ce serment, et à l'heure où, comme un miroir perdant son tain, mes espérances se ternissent, j'ai décidé de m'alléger de ce qui m'encombre.

L'histoire remonte lorsque je devais avoir onze ou douze ans. Un mercredi après-midi d'avril. Il faisait beau, un soleil généreux et chaleureux nous enivrait. Le ciel était d'une superbe couleur bleue d'azur. Ce mercredi-là avec mon amie Julie nous avons décidé de partir visiter une de ses tantes. Celle avec laquelle elle aimait partager des moments de discussion en mangeant des parts de sa délicieuse tarte aux pommes. Sa tante se prénommait Noémie et habitait dans un quartier éloigné du nôtre. Un de ces bas-quartiers aux portes de la ville, où je n'avais pas le droit de me rendre. La maisonnette de sa tante Noémie était l'une des plus éloignées. Elle était posée au bord d'un chemin cahoteux, caillouteux et boueux bordé par endroit de buissons de mûriers et de frênes chétifs. Je n'aurais jamais dû me trouver là, dans ces lieux d'insécurité, mes parents me l'interdisaient. Malheureusement ces quartiers étaient des lieux de « mal-vivre » et de spectacle d'une humanité affligée. Trop heureuse de braver l'interdit parental et de découvrir de nouveaux aspects du monde, j'étais partie avec Julie en grande joie.

Les fins d'après-midi d'avril sont trompeuses ; la fraîcheur puis la nuit tombent d'un seul coup, alors que les débuts d'après-midi peuvent laisser présager encore de belles heures ensoleillées. Nous sommes restées une heure ou un peu plus peut-être. Sans que nous nous en rendions compte, nous avions tardé et risquions d'arriver chez nos parents à la nuit. Le soleil commençait à décliner. Julie craignait la colère de son père et moi je serais grondée et punie par mes parents. La seule chance que nous avions d'arriver avant la nuit était de couper au travers de ce vaste champ. Nous nous élançâmes, enhardies par notre complicité, mais guère rassurées. Autant que possible, nous évitions de nous trouver à découvert, alors nous longions les haies, les bosquets et les talus qui nous abritaient.

Nous sortions à peine du chemin qui menait sur la route nous conduisant auprès de nos maisons quelques centaines de mètres plus bas, lorsque nous avons vu surgir trois personnes, des hommes jeunes nous en étions certaines. Nous nous sommes cachées dernière un bosquet, nous ne respirions plus, mais nous assistions à la scène. Ces trois hommes se précipitaient et entrèrent par effraction dans la villa juste à quelques mètres de nous. Nous connaissions parfaitement la famille vivant dans cette villa, puisque le fils et la fille fréquentaient le même collège que le nôtre. Nous ne fûmes pas découvertes. Plusieurs minutes plus tard, nous les vîmes repartir, les bras chargés de leur butin, qu'ils jetèrent, avec précipitation, dans le coffre de leur voiture. Puis ils repartirent en trombe, dans un bruit assourdissant, en faisant crisser les pneus. Nous prîmes aussitôt la fuite, le jour s'assombrissait pour laisser la place à la nuit. Nous arrivâmes hors d'haleine chez nous, sans nous faire voir. Avant de nous séparer, Julie me fit jurer de ne rien dire à qui que ce soit et tout oublier. Je prêtais alors le serment demandé. Nous nous évitâmes pendant plusieurs jours.

Deux jours après notre escapade, le funeste cambriolage de cette villa était dans tous les journaux de la région. Tout le monde dans le quartier en parlait. Nous savions que la Police menait l'enquête pour rechercher les auteurs de ce grave méfait. Apprenant cette information, je voulus parler à Julie pour révéler ce que nous avions vu, quitte à avouer notre escapade interdite. Elle me rappela notre serment. Un serment est un serment, tu as juré, n'oublie pas ! m'a-t-elle dit. J'obtempérais mais n'en dormis pas durant plusieurs nuits.

De ce jour, la tombée du jour m'est parfois un moment éprouvant. Je me sens coupable d'un serment qui a fait de moi la complice d'un mensonge. À l'époque nous étions des enfants mais étions coupables de désobéissance. Je sais désormais qu'il peut nous arriver d'être partagé entre agir selon notre conscience ou agir selon nos valeurs personnelles.

LORENZO

Gaston Bachelard nous rappelle dans « l'Eau et les rêves » à quel point l'eau nous révèle et nous fait vivre.
Symbole spirituel (lors des baptêmes par exemple), liquide vital, support de la rêverie, l'eau est notre élément originel.

Depuis bien longtemps, dès le soir venu, lorsque la nuit est douce, enchanteresse, en compagnie des chants des oiseaux de nuit en symphonie, des cris des chauves-souris et des grillons, Lorenzo s'assied sur ce banc en bois vieillit, un peu fragile. Lorenzo est là face à elle, sa « maîtresse » comme il dit. Cette nuit ses eaux sont tranquilles, mais troubles au-dessus desquelles se reflètent les lampes éclairées de la maison, des filets d'or s'en échappent les jours de pleine lune.

Comme tous les soirs, Lorenzo est face à elle. Mais ce soir, il ressent un sentiment étrange. La nuit est plus sombre, Lorenzo distingue à peine ses bords. Une odeur inhabituelle et indéfinissable parvient à ses narines. Le chant des oiseaux s'est soudain métamorphosé en cris si stridents à rompre ses tympans, ses oreilles n'en supportent pas ces sons. Les chauves-souris s'affolent et crient à tue-tête, les grillons s'y mettent et toute la faune est aux aguets, en épie le moindre bruit inhabituel.

Le souffle telle la brise tendre et douce s'est soudainement transformée en un vent presque tempétueux, sa force referme brusquement, dans un bruit fracassant, la persienne de la chambre.

Lorenzo, ne bouge pas, il observe, il écoute, il scrute du regard, il ressent une bise tumultueuse lui caressant sa peau humide. Ses yeux fixent le bord de la lagune qui ne frémit plus mais l'effraie par ses soubresauts tels des vagues surpassant le rivage. Les eaux de la lagune habituellement calmes, s'affolent, menacent, subjuguent Lorenzo. Sa maîtresse Esperanza s'approche pour l'étreindre, l'envelopper de sa moiteur nocturne telle une danse nuptiale pour lui annoncer que sa cousine Eléonore la tempête tropicale s'approche et bientôt son étreinte sera si violente, qu'elle forcera, ce soir, Lorenzo à se réfugier à l'intérieur de son habitation.

Nous sommes le 6 décembre, les premiers frimas sont là mais cela n'empêche pas Oscar de s'adonner à son plaisir favori : la chasse à la souris dans l'immense jardin.

Après ses escapades parfois endiablées, il est de retour au bercail à la tombée de la nuit. Ce soir, il est plus de vingt heures, Oscar n'est pas rentré. Munie de ma lampe torche, ma tête couverte d'une casquette de pluie, revêtue d'un blouson molletonné, je sors et m'enfonce dans le jardin. Je cris son nom, Oscar ! Des appels de surprise « où te caches-tu mon Oscar ! », mes appels s'intensifient au fur et à mesure que je m'enfonce dans cet immense jardin. Puis mes appels deviennent de plus en plus forts synonymes d'inquiétude. Je me surprends à crier « Oscar » à tue-tête à plusieurs reprises. Rien ne se passe. Le silence, parfois troublé par le passage d'une voiture au loin, mais très vite le silence est de retour. Ma lampe trahie la nuit, mes sens sont là, à l'écoute du moindre tressaillement, du moindre souffle, du moindre mouvement. Je n'ai presque plus besoin de la lampe torche, c'est une nuit de pleine lune, son éclat éclaire le jardin comme si nous étions presqu'en plein jour.

Je traverse le jardin dans tous les sens, scrute les endroits où il se réfugie parfois, je traque les indices qui me guideraient vers Oscar, rien ! Je n'entends rien, je n'aperçois aucune trace d'Oscar. Je connais ses caches et explore les autres lieux qui lui sont privilégiés, hé non ! Aucune trace d'Oscar.

Alors, après plus d'une heure de recherches intensives en pleine nuit lumineuse et étoilée, je me résigne à rentrer, désespérée. Son absence me pèse déjà, et mon inquiétude grandie, qu'est-il arrivé à Oscar. Toutes sortes d'hypothèses plus abominables et inimaginables les unes que les autres me traversent l'esprit. Serait-il sorti du jardin, ce qu'il ne fait jamais, et il serait passé sous les roues d'une voiture. Il se serait perdu en allant hors du jardin, cela serait plausible puisqu'il ne connaît pas un autre environnement que la maison et le jardin. Aurait-il fait une mauvaise rencontre ? Mais alors quelle rencontre ? Serait-ce un autre animal, et celui-ci aurait agressé Oscar qui n'aurait pu se défendre. Je me surprends alors à méditer sur son absence soudaine et ce qui a pu lui arriver.

Je vis un grand désespoir. Le chagrin m'envahi, me submerge, je ne fais rien d'autre, mes pensées sont à Oscar.
Je reste au salon car le sommeil ne vient pas malgré l'heure tardive, trop triste d'avoir perdu Oscar. Je m'assoupie dans le fauteuil, celui qu'affectionne tant Oscar, comme si je voulais combler ce vide, combler l'absence.

Plongée dans un sommeil à peine léger, je sens une douce caresse à mes pieds et un ronronnement apaisant, je sursaute, je ne rêve pas, Waouh ! Oscar est là ! Je n'y crois pas ! Oscar est de retour !

JEU DE SEDUCTION ENTRE UNE SAUTERELLE ET UN CYGNE

Je m'arrête brusquement dans mon élan ! Je cesse mes sauts ! Je m'arrête au bord de l'étang car ma vision se trouble, puis un instant après s'éclaircit !

Une masse blanche, imposante, à la grâce singulière, à l'apparence impériale, se déplace sur l'eau d'une allure majestueuse, fluide et élégante.

Ce cou altier qui lui confère une telle prestance ne m'intimide point.

Subrepticement la curiosité m'envahit ! Allez, j'y vais, je te survole, me pose sur une de tes ailes puis sur l'autre, il semble que tu ne ressentes rien !

Sans hésiter, j'atterris sur ta tête tout près de tes grands yeux !

Ah ! Le voici-ci qui réagit !

- « Tu es bien audacieuse ma belle sauterelle ! Je n'ai que faire de ta présence ! Tu es si légère, si frêle que ton intrusion sur mon plumage ne m'importe peu. »

Juste à cet instant, nous nous interpelons du regard : il me fixe d'un air attendri. Je suis subjuguée, intriguée, intimidée, nous sommes à présent face à face, nos yeux ne trahissent pas nos émotions réciproques, ceux-ci se croisent ; les miens si minuscules et les siens si immenses, si puissants, si lumineux.

Nous sommes, l'un et l'autre submergés par nos émois, nous sommes au bord de l'étreinte !

RENCONTRE AVEC LA BÊTE

Ce soir nous installons notre campement dans cette clairière après avoir marché près de quarante kilomètre.

En pleine forêt de Brocéliande c'est un lieu idéal pour camper la nuit. Le sol herbeux est plat et l'endroit est entouré d'arbres. Une superbe nuit chaude nous attend.

Nous sommes le 4 Juillet. Il ne fait pas encore nuit, les journées sont longues en plein été et le crépuscule ne sera qu'à son début d'ici une heure.

Ce soir la lune sera pleine et la veillée autour du feu au son des guitares et des chants s'annonce des meilleures. Ma tâche consiste à ramener suffisamment de branchages pour réaliser le feu avant le début de la nuit.

Je progresse lentement dans la forêt feuillue. J'observe en même temps mon environnement. Mes sens sont en éveil : par ci un oiseau s'égosille de chants langoureux, c'est peut-être un roitelet ou une mésange, par là une belette s'échappe à mes pieds, je lève la tête et j'aperçois une pie-grièche qui m'observe, elle ne semble pas farouche me dis-je. Chants, cris, senteurs et regards se mêlent aux sons de mes pas qui crissent sur les feuilles sèches. Mes sens sont exacerbés au milieu de la faune dans une profusion végétale.

Je m'enfonce dans cette dense et impressionnante forêt, il me semble avoir perdu la notion du temps. Bientôt le crépuscule laissera la place à la nuit, je dois m'activer. Je n'ai pas encore ramassé de branches pour le feu.

À peine réveillée après m'être laissé aller à la rêverie et à la torpeur en ces lieux, à deux mètres devant moi, je distingue une branche assez imposante qui ferait bien mon affaire pour le feu. Elle paraît sèche et suffisamment épaisse pour être coupée et constituer le foyer pour le feu. Je m'approche et m'accroupis à demi pour la meilleure position afin de saisir la branche.

Stupeur ! Celle-ci se dérobe avant que j'aie pu la toucher. Oh ! là ! Aïe ! Mais qu'est-ce donc que cela ! Je m'avance de deux pas encore, je vois une « chose » ressemblant à un gros chat recouvert d'écailles sombres. Ma vision défaille, j'ai bien de mal à distinguer cette « chose » car le crépuscule laisse la place à la nuit.

Soudain, je la vois tapie près d'un tronc d'arbre.

Mais qu'est-ce donc que cette créature ! Mes bras tremblotants parviennent à saisir un bâton, je m'approche d'elle, à pas feutrés, je ne la vois plus, ma vision se trouble, elle réapparait soudain face à moi.

Elle est inerte mais vivante, elle est indéfinissable. Mon cœur bat la chamade, je tremble de la tête aux pieds, je vacille, je transpire, je vais tomber, choir sur le sol, mes yeux se troublent. Subitement elle se déplace jute devant moi.

Elle est là face à moi, je suis hypnotisée, dans un « état second ». La faune forestière livre son spectacle sonore : les chauves-souris crissent, les hiboux hululent, les mésanges, les roitelets et autres oiseaux de nuit chantent les « vêpres ». Je n'en peux plus, je suis terrifiée, je claque des dents comme si j'étais gelée.

D'un bond la créature s'élève reposant sur des filaments tels de grandes pattes d'araignée, elle est géante. Elle déploie des ailes fluorescentes. Tel un engin spatial, elle s'élève peu à peu, sans bruit, au-dessus du sol éclairé par ses antennes lumineuses.

Elle dirige vers moi ses deux immenses yeux m'éblouissant de son regard. Je suis terrassée, statufiée par ce que vois. Tout mon être tremble mais ma curiosité est plus forte que ma peur. Cette créature indéfinissable aux allures de pangolin-araignée-ailée s'éloigne, s'estompe et disparaît dans la nuit, dans la forêt de Brocéliande.

J'ignore le temps qu'a duré cette étrange rencontre. J'étais à un kilomètre du camp et avais passé une partie de la nuit perdue en forêt de Brocéliande sans avoir ramené les branchages au camp pour le feu. Le feu ayant été absent ce soir-là, le dîner fut froid et le son de la guitare silencieux.

En fin d'après-midi, comme chaque jour à cette heure, Edouard marche d'un pas vif sur le chemin qui longe la plage, les cheveux ébouriffés par la brise de mer qui commençait à se lever. Il avait fait délicieusement chaud au soleil en début d'après-midi. Les rayons n'étaient plus assez forts à présent pour lutter contre l'âpreté du vent. Il lui semblait que le changement dans l'air accompagnait sa soudaine angoisse. Il la ressentait à chaque fois qu'il s'approchait de cette demeure. Celle-ci se dressait le long de la promenade du front de mer. C'était une maison à l'architecture ostentatoire, symbole de ce que l'argent et l'ambition pouvaient édifier. Sa majestueuse façade de marbre blanc ne laissait pas indifférent.

Edouard était le seul à savoir, le pensait-il, que cette demeure avait été le théâtre d'un crime odieux et mystérieux du propriétaire, un lord anglais Sir James Lane. Il était médecin et ce que l'on savait de lui est plutôt obscur. Ce que l'on sait ou que l'on croit savoir est qu'il exerçait son activité médicale quelque peu discutable en ces lieux, des agissements occultes auraient été dénoncés.

En dépit des recherches les plus minutieuses, la police n'est pas parvenue à élucider le mystère de la disparition du Docteur James Lane. Son corps n'a jamais été retrouvé. Bien entendu, de multiples enquêtes policières ont été menées durant des années sans résultat.

Édouard en sa qualité d'ancien commissaire enquêteur avait continué à rechercher des indices dont l'administration judiciaire n'avait jamais prêté attention puisqu'il avait été rayé des cadres et quitté la police à la suite d'une sombre affaire de corruption dans laquelle il fut compromis. Son amour propre en avait été entaché. Alors, il s'était juré qu'il ne quitterait pas cette terre sans avoir élucidé ce mystère et ferait éclater un jour la vérité cachée dans les entrailles de cette demeure ou peut-être ailleurs.

Mais sa réflexion s'arrêta nette. Sans obéir, ce qui était inhabituel, Sally sa fidèle compagne de promenade continua à renifler et à aboyer tout en décrivant des cercles autour de ce qu'elle avait trouvé.

- Sally ! Sally !

Cette fois, le ton autoritaire de la voix lui fit lever la tête et regarder son maître. Mais une seconde seulement, avant de retourner à sa nouvelle obsession.

Édouard soupira. Sally était encore jeune. Édouard cria plus fort, en vain. Alors, il s'enfonça dans les taillis où il la rejoignit en quelques enjambées. Quand il vit ce qu'elle avait découvert, il se figea sur place.

Son effroi était à son comble ! Sally venait de déterrer des ossements. Edouard se dit à haute voix : « Sont-ce des ossements humains ? » Mais Sally avec une ingéniosité instinctive continuait de s'activer, d'autres ossements étaient déterrés.

Édouard n'eut qu'une envie, savoir d'où venaient ces ossements, s'il s'agissait de restes humains ou non. Il n'en savait rien. Mais son attention ne pouvait se détacher de l'hypothèse que ce pourrait être le cadavre de celui qui hantait ses pensées depuis si longtemps. Il en est persuadé, il en est même certain, il ne peut s'agir que du cadavre du Docteur Lane.

Édouard ne peut aller lui-même livrer à la police sa découverte. Par conséquent il lui faut imaginer un subterfuge pour que les autorités policières et judiciaires s'enquièrent rapidement de cette affaire sans qu'il ne soit soupçonné d'être partie prenante.

Comment Édouard va-t-il s'y prendre pour n'éveiller aucun soupçon à son endroit ?

La fenêtre qui a compté le plus pour moi et qui est aussi ma fenêtre préférée, il s'agit de ma « fenêtre d'enfance ». Si je devais la décrire, c'est la fenêtre des découvertes.

La fenêtre d'enfance s'est ouverte progressivement, au fur et à mesure que les desseins de la vie venaient frapper à la vitre. Je les découvrais naïvement, bêtement souvent, subrepticement aussi.

Ma fenêtre d'enfance s'est ouverte pour ne plus se refermer.

Elle s'est d'abord entrebâillée pour découvrir peu à peu au fil du temps toutes les sortes de sentiments : la joie, le désespoir, la déception, la fierté, la colère, l'amitié, l'amour.

Ma fenêtre d'enfance s'est d'abord ouverte sur la lecture : fenêtre permanente et inaltérable d'ouverture au monde. La lecture est le vecteur de notre curiosité à tant de domaines dont on ne puisse assouvir.

La lecture, liberté acquise sans l'autorisation ni l'interdiction de quiconque.

Ma fenêtre d'enfance s'est ouverte un peu plus tardivement sur l'écriture, acte de liberté et d'émancipation. Dès l'âge de 10 ans j'ai été subjuguée par ce pouvoir de faire danser les mots. Lorsque l'écriture se révèle à nous, on s'aperçoit que l'on peut tout dire ou presque au travers de l'acte d'écriture.

Comme par magie, on peut exprimer sa colère, son étonnement, ses sentiments mêmes les plus profonds quels soient-ils. De façon magistrale rien ni personne ne nous empêche d'exprimer nos sentiments les plus transgressifs, les plus répressifs aux yeux de celui ou de celle qui un jour peut-être découvrira nos écrits. Ecrire offre le pouvoir de transmettre des émotions, de raconter des récits, des histoires vraies ou imaginaires. L'écriture ouvre la fenêtre par laquelle nous allons pouvoir nous livrer.

J'évoquerais un singulier souvenir. Le jour où excitée à l'idée de lire des livres qui, à mon égard et à mon regard d'adolescente étaient « interdits ». Je les ai découverts dans la cave. Après les avoir longuement cherchés, imaginés, ils étaient là bien cachés dans des malles fermées et bien cadenassées par mon père. Mon opiniâtreté et mon obstination avaient réussi à les ouvrir. Les ayant retrouvés, je lisais ces livres avec délice et malice. La lecture s'opérait, à l'insu de mes parents et de mes sœurs, avec lesquelles je partageais la chambre. Cette lecture qui me paraissait délictueuse, voire transgressive, elle l'était vraisemblablement mais tout autant exquise et savoureuse parce qu'elle trahissait un certain ordre établi par la régence familiale. Alors, le soir, au moment du coucher, dans mon lit, sous les draps, avec la plus grande discrétion, je prenais une banale lampe de poche, et dévorais avec délice ces pages qui me faisaient découvrir le monde. Le monde que les adultes cachaient, sans doute, par bonne conscience éducative. Sans doute aussi par protection, laissant le soin au temps de faire son œuvre naturellement. Nous découvrirons bien un jour, le moment venu, toutes les aspérités de la vie qui jalonnent notre devenir.

Je découvrais, à travers ces lectures qui me paraissaient illicites, la subjectivité de notre être. La subjectivité était l'univers à apprivoiser.

Dès lors, les contes de fée disparaissaient, ce fut l'ouverture de la fenêtre à la puissance des mots, au pouvoir de la rhétorique et de l'imaginaire littéraire. C'était le début de l'emprise que j'ai eue à l'endroit de la littérature. Le pouvoir magistral de façonner à sa guise les phrases, d'exercer un pouvoir tel un magicien dont le jeu consiste à se servir des mots pour créer des illusions ou dévoiler de vérités.

La fenêtre peut rester entrouverte laissant filtrer la citation de Nietzsche.

« Danse avec les pieds, avec les idées, avec les mots, et dois-je aussi ajouter que l'on doit être capable de danser avec la plume ? »

AMBIVALENCE DE L'ENFANCE

Dans le silence de la nuit, un cri, un hurlement ! Tu reçois ta fessée de bienvenue, t'en souviens-tu ? Assurément, non ...Qui d'entre nous a le souvenir de son entrée en humanité !

Tu nais quelque part, là où le destin en a décidé.

Alors « petit avenir de l'humanité » naissant au paradis des sociétés capitalistes, industrialisées, de culture occidentale et bien élevée. Seras-tu aimé ? **En sommes-nous persuadés ?**

Tu seras entouré de tendres attentions, **nous l'imaginons ....** *Ce que tu ignores mon « petit avenir de l'humanité » est que tu seras subtilement opprimé au paradis des sociétés occidentales, capitalistes et bien élevées, là où on exploite et méprise « de temps à autres » la nature qu'elle soit humaine, animale et au sens de notre l'écosystème.*

En permanence sous le regard des grands dits adultes, **tu seras.**

Tel un prisonnier sous le regard de ses geôliers, sous surveillance à temps complet, **tu seras.**

À la maison, à l'école, dans ta chambre ou partout ailleurs, mouvements et mobilités réprimés, interdits, **ils seront** *oui, mais en ambivalence.*

Quant à tes pensées intérieures, remises en question, reconstruites, déconstruites, réinterprétées, **elles seront.** *Alors, sournoisement, subrepticement, viendra le temps du mensonge.*

*Toujours disponible et à la merci de l'adulte en « colonial », **de toi il disposera**.*

*Malgré cela « petit avenir de l'humanité » au paradis des sociétés occidentales bien élevées tu révéleras ce grand paradoxe de « l'enfant roi », **que tu es**.*

Et toi alors « petit avenir de l'humanité » naissant là où ton univers n'est que désordre régnant, oppression, boue, froid, faim, dénuement, privation, tes pieds et tes mains meurtris par le dur labeur forcé et sans fin ordonné par les grands.

*Tout petit déjà, exploité, soumis, **tu seras**. Mauvais traitements et violences, **tu les subiras**, sans que quiconque n'y prête garde.*

*Petit avenir de l'humanité tu ne comprends rien à ton destin, toi seul décidera du chemin de tes désirs, **le sais-tu** !*

RECUEIL DE POÈMES

SOMMAIRE

✓ Sensations légères (1)

✓ Un bouquet de bonheur (2)

✓ À ma fille tendrement

✓ À mes chères petites pousses

✓ Les années s'enfuient

(1) Poème écrit en sonnet (composé de 2 quatrains suivis de 2 tercets)
(2) Poème écrit à l'occasion du mariage de ma sœur

Sensations légères

Voici le temps où les douces senteurs de roses

Pourpres, veloutées, émerveillent tes yeux.

Ne ressens-tu pas l'air léger en ces lieux !

Enveloppant tes sens, te subjugue, te transpose.

Instants ensoleillés, bercés de chants d'oiseaux ;
Là où se dissipent tes désespoirs d'antan.

Les ailes de l'espérance se déploient lentement.

T'en souviens-tu ! L'éphémère brume sur les roseaux !

Entends, ma chère, entends la douce nuit qui s'enfuit.
Délicieusement, je songe sans mensonge que tu es éblouie,

Ton cœur s'exalte l'instant d'un rêve.

Tu te drapes ainsi dans une douce sensation,
Dans un jardin empli d'élégantes attentions,

Le bonheur est là posé sur un tapis de fleurs exquises.

Un bouquet de bonheur

Amour quand tu sublimes nos cœurs,
Tu nous enivres de tendresse et de bonheur,
Ta ferveur nous comble de toutes les passions,
Ton éclat illumine nos émotions.

N'est-il d'autre plaisir que d'aimer,
D'autre grâce que le bonheur partagé avec l'être aimé.
Ensemble nous nous élançons dans le chemin du bonheur,
Découvrons ce bouquet de tendresse où chaque fleur révèle
sa splendeur.

Tulipe, tu es si élégante dans ta robe raffinée,
Et toi Œillet ta splendide robe de dentelle rouge, nous
ravit au-delà de l'été,
Orchidée, tu es royale, ta beauté fragile nous sublime
encore et toujours,
Rose, ta présence, ta prestance, ta splendeur révèlent
l'Amour.

Émerveillée par cette magistrale harmonie d'émotions, de
couleurs et de senteurs,
Je me donne, délicieusement,
Je m'abandonne, délicatement.
Laissons ainsi grande ouverte notre porte au bonheur.

À ma fille tendrement

Oh ! Ma belle orchidée !
Comme tu lui ressembles ici posée.
Tu éveilles nos sens,
Et reflètes les douceurs de l'enfance.

Je t'offre la joie de mon cœur,
À rencontrer le bonheur.
Qu'ils sont légers tes pas, pas de vie construits pas à pas,
Entre joies et aléas.

Quelle plus belle symbiose de vie !
Que le bonheur donné et partagé nous séduit.
La vie est une harmonie intemporelle
Où chagrins, joies et bonheur se mêlent.

Près de toi, quatre pousses sont là en pleine lumière,
Une à une elles s'élèvent vers leur vie de raison et nous
éclairent.
Alors aidons-les à ouvrir la porte de leurs desseins à peine
commencés,
Conduisons-les sur le chemin de leurs envies espérées.

À mes chères petites pousses tendrement

Noël, ce jour tant attendu, est enfin là.

À quoi songiez-vous donc jusque-là ?

Les grands, aux douces illusions tant rêvées,

Les petits aux présents tant espérés.

Les yeux émerveillés des plus petits se mêlent

À la joie discrète des plus grandes « ailes ».

Mes chers petits, l'un après l'autre, je vous ai vus éclore,

Briser votre coquille comme le poussin se retrouvant

dehors.

Je vous ai accueillis dans mon cœur,

Là tout près de vous pour vous protéger des maux et des

heurts,

Pour vous aider à grandir, à murir.

Oh ! Combien de fois, vos éclats de rire,

Vos sourires et vos turbulences parfois…

M'exaspèrent et me comblent à la fois.

Eh bien ! Osez hocher la tête doucement,

Vos visages, comme des papillons, se posent délicatement.

Vous êtes pareil au soleil, de saison en saison,

Ses reflets traversent les jardins et les maisons.

Voici que la nature opère sa magie !

Profitez de ces moments exquis

Qui ravissent nos cœurs de bonheur.

Conservez dans vos pensées et dans votre cœur,

Vos souvenirs d'enfance.

Allez ! Mes chers petits, tracez votre chemin,

Je veille sur vous, mon espérance est en vous pour demain,

Mon Espérance c'est vous.

Les années s'enfuient mais les souvenirs résistent

La ressens-tu cette douce chaleur mêlée de lumière !

Délicieusement ! Des reflets nacrés se posent sur ta peau.

Et tu songes !

Ô le temps s'enfuie, se dérobe, s'éloigne !

Mais chaque fois le printemps est là.

Les souvenirs d'enfance éclairent ton visage,

Tel un faisceau rayonnant de bonheur.

Ton cœur s'allège et s'enivre des années passées.

Ces parfums subtils de fleurs et de fruits subliment nos

cœurs.

Ils en frissonnent encore !

Les auréoles du temps illuminent tes yeux et te couvrent

de lumière,

Telle une superbe fleur éclose couverte d'une rosée légère,

Que le vent du matin vient déposer délicatement,

Au bord du sentier déployant ses somptueux flamboyants,

De notre île natale enchanteresse de bonheur.

NOTES et REFERENCES

(1)   Textes écrits entre 2018 et 2022 lors des ateliers d'écriture qui étaient proposés par la Médiathèque Jean d'Ormesson de la commune Le Plessis-Robinson (92350).

(2)   Texte écrit en 2018 lors des ateliers d'écriture. Le thème : Ecrire un texte qui commencerait par « ***De la terre et du sang*** » et qui finirait par « ***Tout sera calme et lumineux*** ».

(3)   Texte écrit dans le cadre du concours « Dis-moi dix mots » en 2021 publié à la Médiathèque de Le Plessis-Robinson (92350).

(4)   Texte écrit dans le cadre du concours « Dis-moi dix mots » en 2022 publié à la Médiathèque de Le Plessis-Robinson (92350).

(5)   Textes écrits lors des ateliers d'écriture en 2022 – Ces textes sont plutôt destinés aux enfants.

(6)   Texte écrit lors des ateliers d'écriture le thème « Dénoncer l'oppression des enfants avec Victor Hugo ». Ce texte exprime le contraste de l'humanité et

son ambivalence au regard de l'enfance et de sa souffrance.

(7)   Une histoire courte écrite lors des ateliers d'écriture en 2020.

Synopsis : Récit de fiction, courte nouvelle : Sophia est une femme condamnée pour complicité. Elle purgeait sa peine dans une prison à MUNICH. Elle s'est évadée, était en cavale et recherchée par INTERPOL. Au cours de sa cavale elle a rencontré Mathis (policier de la Brigade anti-criminalité). La scène se déroule dans la ville de Strasbourg.

Printed by Books on Demand GmbH, Norderstedt / Germany